宇宙篇

哇，科学有故事！

宇宙旅行的故事

[韩]郑昌勋/文　[韩]李海晶/绘　千太阳/译

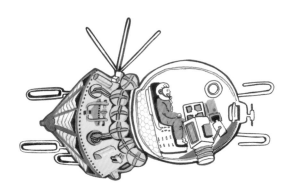

人民东方出版传媒
People's Oriental Publishing & Media
东方出版社
The Oriental Press

人类能够在月球表面
留下第一个脚印吗?

阿姆斯特朗

在广阔的宇宙中,会不会
还存在其他的生命体?

萨根

目录

宇航员加加林先生，
从宇宙中看到的
地球漂亮吗？

若是放在我出生前的 100 年，宇宙旅行还是一个遥不可及的梦想。但是随着科学技术的发展，梦想已经变成现实。1961 年，我首次飞到宇宙中，然后绕着地球飞行一周再重返地球。当时，在宇宙中看到的地球，真的是美极了。

1957 年 10 月 4 日，苏联的一支火箭奋力朝宇宙中飞去。

那支火箭上搭载着最初的无人人造卫星——斯普特尼克 1 号。

苏联空军中尉尤里·加加林，是最希望斯普特尼克 1 号能够成功发射的人了。

斯普特尼克 1 号是一颗直径不足 60 厘米，外观像是金属球上带有四根天线的人造卫星。不过，它的飞行速度是子弹的八倍，所以只需一个半小时左右的时间，它就可以绕着地球飞行一周。

斯普特尼克 1 号一边绕着地球飞行，一边向地面发送电波信号。

三个月后，斯普特尼克 1 号就像一颗流星，坠入大气层中烧成了灰烬。

从斯普特尼克 1 号的成功发射中获取信心的科学家们，确立了更大的目标。那就是将人送到宇宙中去。

宇宙空间是人类难以生存的地方。被阳光照射的地方会像火坑一样炽热，而阴暗的地方则比南极还要寒冷。

另外，由于是失重状态，所以一切东西都会飘浮起来；加上没有空气，所以也无法进行呼吸。

于是，科学家们开始研发带有载人舱和返回舱的载人飞船。载人舱可以保护人员安全，返回舱能够让人安全返回地面。

你知道最早乘坐载人飞船飞往宇宙的人是谁吗？

"最早飞到宇宙中的人，就是我！"

加加林小时候经常幻想自己在宇宙中旅行的场景。为了实现自己的梦想，他从军事航空飞行员学校毕业后，成为一名空军战斗机的飞行员。后来，他以优异的成绩通过了宇航员选拔考试。为了应对在宇宙中可能遇到的紧急情况，加加林接受了各种高强度的训练。

科学家们很好奇人是否能够承受得住宇宙旅行的过程。

于是，他们决定先在斯普特尼克 2 号中搭载一只叫"莱伊卡"的小狗进行测试。

虽然待在狭小的空间里，但莱伊卡可以呼吸，也能正常进食。

另外，科学家们事先在莱伊卡的身上贴了很多电极片，所以能够通过电极片释放出的信号了解莱伊卡的身体状况。不过，莱伊卡最终因没能承受住宇宙旅行时人造卫星内部过高的温度而毙命。

后来，搭载着两只小狗的斯普特尼克 6 号又在回归地球的过程中发生爆炸。

看到代替自己的小狗们不断死去，加加林感到非常难过。

好烫啊，
汪汪！

1961 年 3 月，斯普特尼克 10 号被固定在发射架上。斯普特尼克 10 号是科学家们从之前人造卫星的失败和成功中吸取经验，倾注大量心血研制出来的。

加加林给搭乘斯普特尼克 10 号前往宇宙的小狗起名为小星星。他在心中祈祷小星星能够安全归来。

斯普特尼克 10 号用了一个半小时的时间，绕地球飞行一周，最终安全返回地球。现在，就剩下人类亲自前往宇宙了。

1961 年 4 月 12 日，是加加林乘坐东方 1 号宇宙飞船起航去宇宙旅行的日子。

　　加加林穿着橙色的宇航服，戴着白色的头盔，走进驾驶舱。

　　驾驶舱虽然很狭窄，却很温馨。

　　"我一定会成功返回地球。"

　　火箭喷射着火焰，直上云天。

　　在上升的过程中，火箭突然剧烈地摇晃起来，加加林的头仿佛要炸裂一般，疼痛难耐；同时随着火箭的速度逐渐加快，他的身体也有种随时可能会被压扁的感觉。不过，多亏一直以来的训练，他顽强地挺了过来。

　　不久，东方 1 号宇宙飞船终于完全脱离地球大气层。

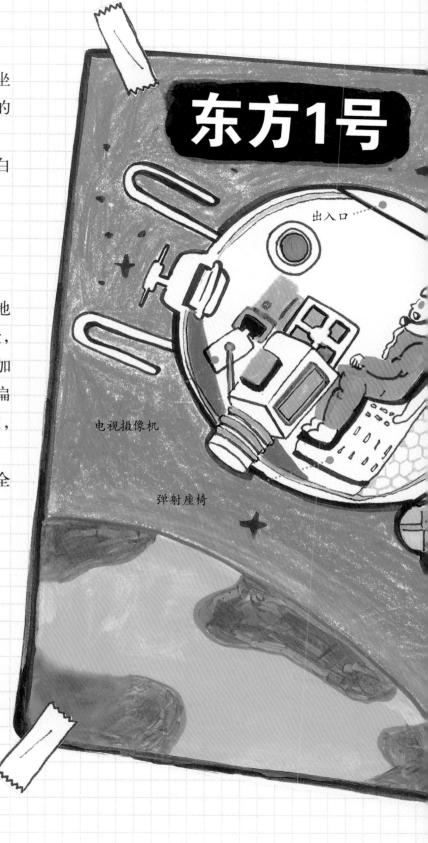

东方1号

出入口

电视摄像机

弹射座椅

东方1号

火箭

天线

氧气罐

天线

发动机

加加林转过身，向窗外看去。地球圆圆的轮廓展现在他的眼前。在这一刻，加加林一直想要成为第一位飞往宇宙的宇航员的梦想，终于实现了。

1个小时48分钟后，绕着地球飞行了一周的东方1号宇宙飞船，安全地返回地球。

东方1号的成功，证实了人类能够前往太空的事实。人类已经做好了准备，在不久的将来，月球乃至太阳系最边缘的行星上都将留下人类的脚印。

从今往后，我们一定可以前往更远的行星！

宇宙飞船

宇宙飞船是指能够在太空中飞行的航天器。宇宙飞船分为两种：一种是人造卫星、宇宙空间站等沿着近地轨道运转的飞船；另一种是摆脱近地轨道，向其他天体移动的飞船。不过，为了摆脱地球强大的引力，人类发射的所有的宇宙飞船都是搭载在火箭上升入太空的。

航天飞机

能够往返于近地轨道和地面之间的航天器。航天飞机主要用来运送宇航员和一些必要的物资。轨道飞行器两侧的火箭在使用完燃料之后还可以重复利用，即重新灌满燃料就可以再次使用。

燃料箱

火箭

轨道飞行器

火箭

火箭借助强大的动力把宇宙飞船发射出去。火箭发动机能够将燃料与氧气混合燃烧，从而获取强大的动力。

氧气罐

燃料箱

火箭发动机

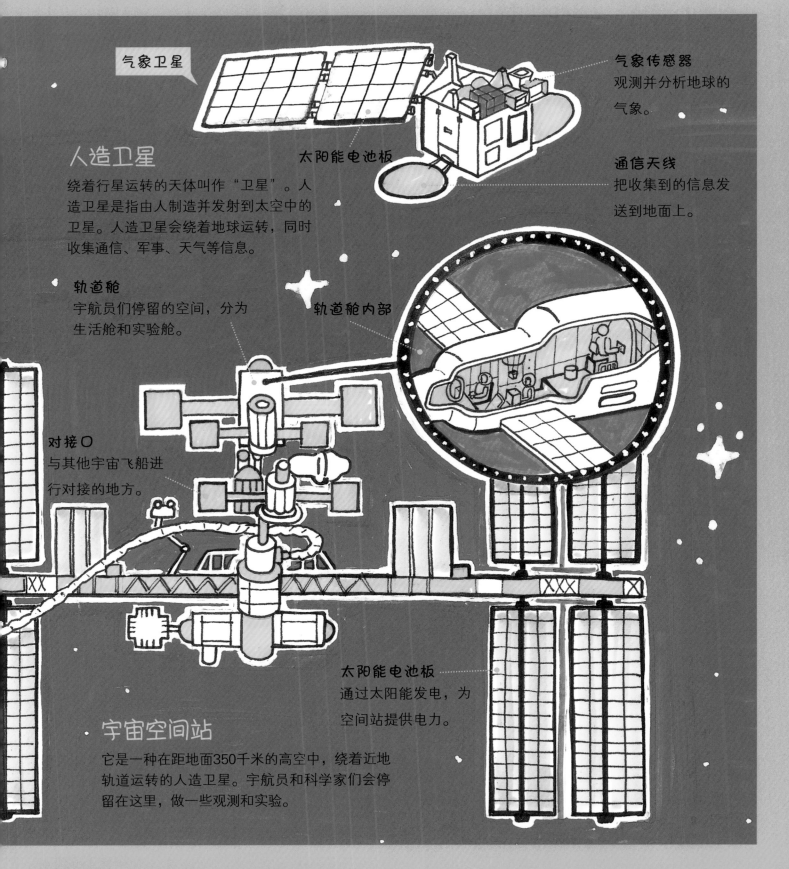

气象卫星

气象传感器
观测并分析地球的
气象。

人造卫星

绕着行星运转的天体叫作"卫星"。人
造卫星是指由人制造并发射到太空中的
卫星。人造卫星会绕着地球运转，同时
收集通信、军事、天气等信息。

太阳能电池板

通信天线
把收集到的信息发
送到地面上。

轨道舱
宇航员们停留的空间，分为
生活舱和实验舱。

轨道舱内部

对接口
与其他宇宙飞船进
行对接的地方。

太阳能电池板
通过太阳能发电，为
空间站提供电力。

宇宙空间站

它是一种在距地面350千米的高空中，绕着近地
轨道运转的人造卫星。宇航员和科学家们会停
留在这里，做一些观测和实验。

宇宙旅游项目

　　到目前为止，宇宙旅行的目的只是让宇航员们到太空中进行一些探测和研究。

　　而 2001 年，美国亿万富豪——蒂托首次以单纯的旅游为目的前往宇宙。他乘坐着俄罗斯的火箭飞到宇宙空间站，体验了一下太空中没有重力的感觉，然后返回地球。

　　最近，很多公司都发布有关宇宙旅游的计划，使得宇宙旅游逐渐发展为一个全新的产业。英国一家名为维珍银河的公司正在研发一种可以搭载两名驾驶员和六名乘客的宇宙旅游飞船。宇宙旅游飞船制成后，游客就可以乘坐着宇宙飞船飞到地球轨道上待上 3 分 30 秒的时间。在这期间，游客们不仅可以体验失重状态，还能在太空中欣赏地球的美丽景色。据说，美国的太空探索技术公司也在加紧研发宇宙飞船和火箭等载具，以便能实现宇宙往返旅行计划。另外，这家公司计划将于 2030 年左右，在火星上建立一个可以容纳 8 万人的殖民地。

　　如今，继英国和美国之后，俄罗斯也在大力发展宇宙旅游产业，进而带动宇宙旅游产业的蓬勃发展。相信在不久的将来，我们就能跟家人们一起去宇宙旅行了。

维珍银河公司正在筹备的
宇宙旅游飞船

飞行员阿姆斯特朗先生，**月球表面是什么样子的？**

1961 年，加加林首次成功完成宇宙飞行后，人们便有了更大的目标。那就是在地球之外的其他天体上留下人类的足迹。我飞到了月球上，见证了月球凹凸不平的地面，并在那里留下了人类历史上的第一个脚印。

1961 年 5 月 25 日，美国总统肯尼迪发布将宇宙飞船送往月球的"阿波罗"计划。

很多人都认为阿波罗计划注定会失败。

但是，美国国家航空航天局的宇宙飞行员尼尔·阿姆斯特朗却对总统发布的计划深信不疑。

阿波罗计划就此展开。然而，进行月球探索要比发射人造卫星难得多。因为这需要将好多台沉重的设备运送到太空中去。

科学家们不断研究最适合将宇宙飞船送往月球的方法，然后又一一进行实验和练习。

阿波罗计划

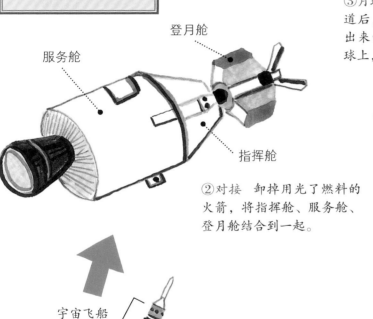

服务舱

登月舱

指挥舱

宇宙飞船

火箭

①发射 借助火箭把宇宙飞船发射到近地轨道上。

②对接 卸掉用光了燃料的火箭，将指挥舱、服务舱、登月舱结合到一起。

③月球探索 抵达环月轨道后，从指挥舱中分离出来的登月舱降落在月球上，展开探索。

④返回地球 乘坐登月舱上方的分离舱回到指挥舱中，再返回地球。

1967 年，为了测试火箭的性能，美国发射了无人宇宙飞船——阿波罗 4 号。

1968 年，阿波罗 8 号搭载着宇航员，绕着月球轨道运转一周后重返地球。

1969 年 7 月 16 日，美国终于发射了为人类登月计划准备已久的阿波罗 11 号。阿波罗 11 号中搭载着三名宇航员。

阿姆斯特朗是阿波罗 11 号的船长，而科林斯和奥尔德林分别是指挥舱和登月舱的驾驶员。

阿波罗 11 号奋力飞向月球，并于 7 月 19 日安全抵达环月轨道。

第二天，科林斯留在指挥舱，而阿姆斯特朗和奥尔德林则乘坐登月舱在月球表面登陆。

阿姆斯特朗和奥尔德林首先在月球表面插上星条旗，然后开始设置地震仪、天线等实验设备。另外，他们还采集了一些需要带回地球的石头和泥土。

乘坐登月舱在月球表面着陆。

终于抵达月球表面了。

在月球上设置地震仪等观测设备。

完成任务后，阿波罗 11 号的宇航员们结束月球探索，安全返回地球。

"这是一个人的一小步，但却是整个人类的一大步。"

正如阿姆斯特朗所说，阿波罗计划的成功正式打开宇宙旅行的大门。从那以后，无数无人宇宙飞船得以离开地球，对太阳系的各个角落进行探索。

行星探测

行星探测船会接近目标行星，对行星进行各种观测，再通过通信手段将信息传递到地球。从 20 世纪 60 年代开始，人们就对离地球很近的金星和火星进行探测，然后渐渐将目标扩大到水星、木星、土星、天王星、海王星等行星。

1975年发射

金星9号
登陆金星，拍摄金星表面的照片。

1989年发射

麦哲伦号
沿着环金星轨道运转，完成近 98％金星表面的拍摄。

水星

金星

地球

1973年发射

水手10号
对水星进行探测，证实水星表面也像月球表面一样凹凸不平。

1977年发射

旅行者号

1号和2号穿过木星和土星之间，以及天王星和海王星之间的空间，发现这些行星上的卫星。另外，它们还对木星周围的光环进行探测。之后，它们便一直朝着太阳系边缘飞去。

海王星

天王星

木星

土星

火星

1975年发射

海盗号

登陆火星，探查是否有生命体存在。

1989年发射

伽利略号

首次进入环木星轨道。

1996年发射

火星探路者号

在火星上着陆，并派出名叫索杰纳的火星车，对火星表面进行探测。

比登月早了近100年的月球探险小说

　　早在阿波罗11号登月的近100年前，法国作家儒勒·凡尔纳就写过一本有关月球探险的小说《从地球到月球》和它的续篇《环绕月球》。

　　这部小说讲述的是三个人和两只狗，乘坐由大炮发射的火箭前往月球探险的故事。小说中，探险家们虽然实现了宇宙探险的目的，但最终没能登陆月球，只是与月球擦肩而过后返回到地球。

　　儒勒·凡尔纳的作品中，有很多带有浓厚的科幻色彩。虽然他的作品有很多内容都与当前现实中的科学知识不符，但是考虑到那个时代科学并不发达，他对未来世界的预测可谓非常大胆和超前。事实上，儒勒·凡尔纳在自己的科幻小说中表现出来的奇思妙想确实为20世纪科学技术的发展提供了很多灵感。

　　除了月球探险故事，他还创作了很多有关核潜艇、海底旅行等幻想的冒险小说。而在19世纪被人们认为荒诞无比的儒勒·凡尔纳的小说内容，到了20世纪却有很多成了现实。由此可见，有时科学技术与想象力只有一步之遥。

讲述月球探险的小说《从地球到月球》

萨根博士，
**其他天体上也有
生命存活吗？**

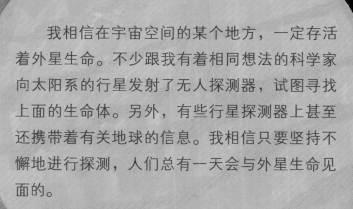

我相信在宇宙空间的某个地方，一定存活着外星生命。不少跟我有着相同想法的科学家向太阳系的行星发射了无人探测器，试图寻找上面的生命体。另外，有些行星探测器上甚至还携带着有关地球的信息。我相信只要坚持不懈地进行探测，人们总有一天会与外星生命见面的。

卡尔·萨根出生于美国，从小就对外星生命充满了兴趣。他经常会对朋友们说：

即使成为著名的行星科学家之后，萨根的梦想也没有改变。

后来，萨根参与了美国国家航空航天局推动的行星探测计划。

从 1968 年开始，美国国家航空航天局就制定了向火星发射无人探测器的"海盗计划"。萨根有幸参与这一计划。

萨根将所有的心血都倾注在对火星生命体的探测上。事实上，他在很久以前就认为，火星的泥土中会存在微生物。

1975 年 8 月 20 日和 9 月 9 日，美国陆续发射火星探测器海盗 1 号和海盗 2 号。

在长达 11 个月的飞行后，海盗 1 号的登陆舱终于在火星表面着陆。

登陆舱最先拍摄火星表面的视频并传送回地球。

为了观看从火星上传来的视频，萨根和许多科学家一起聚集到大屏幕前。

"火星表面与沙漠地形类似，到处都是尘埃和碎石。"

登陆舱的机器臂忙着挖掘泥土，探测火星生命体的工作开始展开。机器臂挖掘出来的泥土被转移到实验仪器中。

如果泥土中生活着微生物，那它们就会摄取实验仪器中的养分，并进行呼吸。那时，实验仪器只要对它们释放出来的气体进行检测，就可以得知火星上是否有生命体存在了。

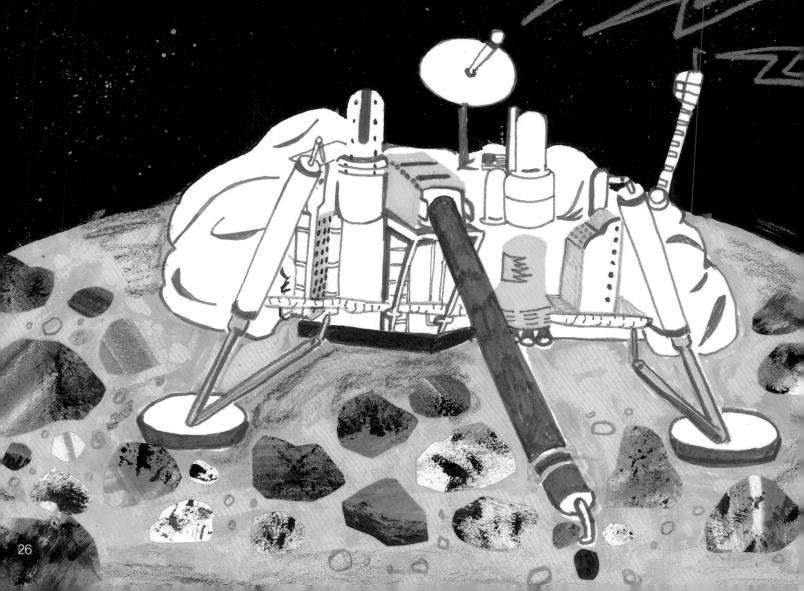

"好像没有证据可以证明火星的泥土中存在微生物！"

最终，海盗 1 号和 2 号都没有在火星上发现生命体的痕迹。

人们对此感到无比失望，但是萨根依然没有放弃探测外星生命的梦想。

1969 年，美国国家航空航天局制定了对木星和土星进行探测的先驱者计划。

有一天，一位作家向萨根提及一个能够令先驱者计划更加增色的创意。

"我们不如在先驱者号上搭载一些信息吧。先驱者号在结束行星探测后会继续在宇宙中飞行。说不定某一天会遇到像我们一样有着发达文明的外星生命。"

航空航天局的责任人听到萨根的提议后非常高兴，便将整理信息的事情交给萨根负责。

搭载在先驱者号上的金属板

放射形的图案会告诉他们银河系太阳和地球的位置。

下面大大小小的圆圈则表示太阳和太阳系里的行星。

在探测器上搭载发送给外星生命的信息。

这不就是给外星生命写信吗?

哇哦♪

男女图像代表发送信息的人类。

萨根决定在两倍巴掌大小的金属板上记录一些信息。

先驱者 10 号和 11 号分别在 1972 年和 1973 年，搭载着人类的信息发射到宇宙中。之后，萨根还曾负责制作搭载在新的行星探测器旅行者 1 号和 2 号上的信息。这次，他在金属唱片中添加了地球上的各种声音。目前，先驱者 10 号和 11 号，以及旅行者 1 号和 2 号已经快要冲出太阳系的边缘。这些探测器会像邮递员一样，将介绍地球人类的信息传递给外星生命。

旅行者号上搭载的唱片

唱片背面画着唱片的使用说明书和地球的位置信息。

THE SOUNDS PLANET EARTH

唱片的正面包含了风声、雷声等大自然的声音及各种语言的问候语。

1985 年，萨根出版了一本名为《接触》的科幻小说。书中讲述的是人们通过地球上设置的巨大电波望远镜接收外星生命发送的电波信号的故事。这是一部以"凤凰计划（搜寻地外文明计划）"为框架创作的科幻小说。"凤凰计划"是科学家们寻找外星智慧生命体的一个计划。

　　"在浩瀚无边的宇宙里，说不定会有向我们发送电波信号的外星生命。那么，我们是不是可以通过电波望远镜接收到那些来自外星的电波信号呢？当然，我们同样可以向外星生命发送电波信号。"

1996 年 12 月 20 日，萨根因感染肺炎去世。

直至萨根离世，人们在太阳系的任何角落都没能发现生命体的痕迹；同时，也没有接收到任何外星生命发送过来的电波信号。

即便是这一刻，行星探测器依旧搭载着我们想要传递给外星生命的信息，向太阳系之外的宇宙中飞去。

另外，世界各国的电波望远镜也在默默地等待着来自遥远的宇宙中的电波信号，等待着与外星生命接触的那一刻。

外星生命

 可能存在生命体的天体

科学家们一直都很关注外星生命。他们不停地向可能存在生命体的天体发射探测器，试图寻找生命体存在的痕迹。此外，为了跟智慧生命体取得联系，人们还在探测器上搭载地球的信息，并用电波望远镜向宇宙空间发送着电波。

火星

看着像沙漠一样的火星表面上有很多水流经过的痕迹。火星的泥土中依然有湿气存在。

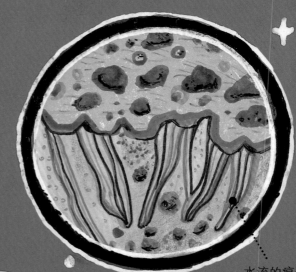

水流的痕迹

岩石层

水

冰层

 核

欧罗巴

木星的卫星欧罗巴是一个被冰层覆盖的冰冻天体。据说，在冰层下面隐藏着一片海洋，而这片海洋的水量比地球上所有的水加起来还要多。

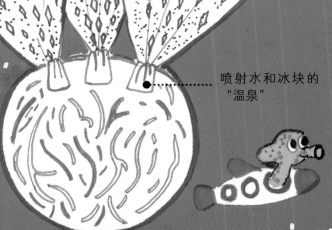

喷射水和冰块的"温泉"

泰坦

土星的卫星泰坦上一直在下"甲烷雨"，而且到处都是"甲烷海洋"。科学家们认为甲烷中漂浮的小水滴中说不定会存在一些微生物。

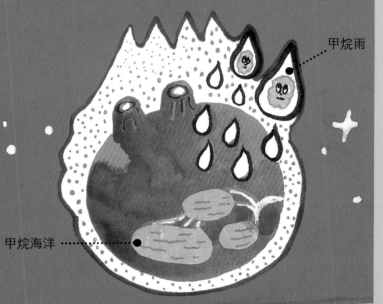

甲烷雨

甲烷海洋

恩克拉多斯

土星的卫星恩克拉多斯也与欧罗巴一样，在厚厚的冰层下面隐藏着一片海洋。另外，人们在恩克拉多斯上发现能够喷出水和冰块等冰冷物质的"温泉"。

不明飞行物体

95%
已知飞行物体

5%

热气球

人造卫星

飞机

鸟

UFO是来到地球的外星生命吗？

对于在世界各地发现的不明飞行物体，一部人坚信那就是外星人的宇宙飞船。但根据美国空军的调查报告显示，在接到举报的飞行物体当中，有95%都是飞机或鸟类等人们看错了的物体。而其中极少一部分实在无法确认的飞行物体，被我们称为"UFO"，即为"不明飞行物体"的意思。

神秘的纳斯卡线条

　　从公元 100 年到 800 年间，秘鲁南部的纳斯卡地区曾一度出现过繁盛的纳斯卡文明。纳斯卡文明遗留下很多美丽而出色的遗产和遗迹，而其中最有名的便是画在纳斯卡平原上的巨大地上绘。

　　这些被称作纳斯卡线条的地上绘非常巨大。如果想观看全貌，就必须乘坐飞机到高空中才可以。其中，长着螺旋状尾巴的猴子、蜥蜴、蜘蛛等动物图案有 30 多个；漩涡、直线、梯形等几何图形和花纹超过 200 个。此外，还有一些看着像外星人的奇特图案。

　　这幅巨大的地上绘是由谁、怎样画出来的，又代表着什么含义呢？对此，大家都是各执一词，争执不下。有人说这是纳斯卡人画在野外的天文学日历，有的人说这是织物图案的扩大版，还有人说这是外星人来过后留下的痕迹。例如，地上画着的是外星人的图像，几何图形和线条则是外星人乘坐的宇宙飞船着陆时留下的痕迹，等等。但说得再好也是没有任何科学依据的猜测而已。总之，至今纳斯卡线条的谜底都没有被人们解开。

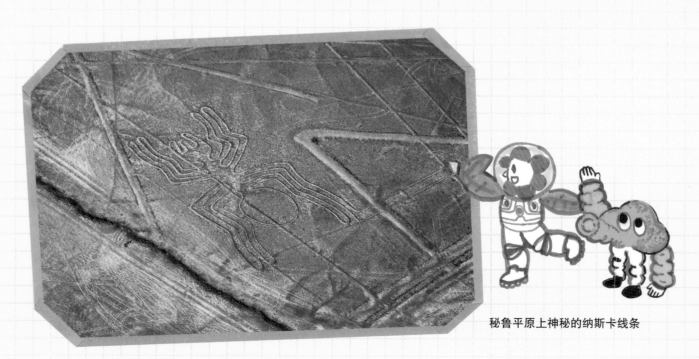

秘鲁平原上神秘的纳斯卡线条

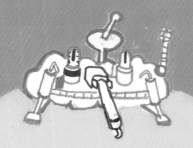

宇宙旅行究竟发展到了什么程度？

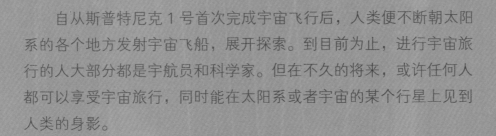

　　自从斯普特尼克 1 号首次完成宇宙飞行后，人类便不断朝太阳系的各个地方发射宇宙飞船，展开探索。到目前为止，进行宇宙旅行的人大部分都是宇航员和科学家。但在不久的将来，或许任何人都可以享受宇宙旅行，同时能在太阳系或者宇宙的某个行星上见到人类的身影。

1957年
人造卫星的发射

苏联成功发射第一枚人造卫星斯普特尼克1号。斯普特尼克1号绕着地球飞行了三个月，其间一直与地面保持着联系。

1961年
载人人造卫星

加加林乘坐第一颗载人人造卫星东方1号围绕着地球飞行一周后重返地球。加加林成为第一个完成宇宙旅行的人。

1969年
登陆月球表面

阿姆斯特朗和奥尔德林乘坐阿波罗11号在月球表面登陆。这是人类第一次在地球之外的天体上留下足迹。到目前为止，在月球上留下足迹的宇航员共有12名。

标记的部分是正文中出现的内容。

现在

人类计划在地球之外的其他天体上建立宇宙基地。宇宙基地将会成为宇宙旅行和宇宙开发的踏板。

1976年

无人探测器登陆火星

美国国家航空航天局发射的无人探测器海盗1号和2号成功登陆火星，并调查火星上是否存在生命体。卡尔·萨根为海盗计划的实施作出巨大贡献。

1998年

建立宇宙空间站

人们开始建立国际宇宙空间站。后来，随着不断添加世界各国制作的组件，宇宙空间站的规模变得越来越大。

图字：01-2019-6047

图书在版编目（CIP）数据

宇宙旅行的故事 /（韩）郑昌勋文；（韩）李海晶绘；千太阳译 . —北京：东方出版社，2020.7
（哇，科学有故事！第一辑，生命·地球·宇宙）
ISBN 978-7-5207-1481-5

Ⅰ . ①宇… Ⅱ . ①郑… ②李… ③千… Ⅲ . ①宇宙—青少年读物 Ⅳ . ① P159-49

中国版本图书馆 CIP 数据核字（2020）第 038689 号

哇，科学有故事！宇宙篇·宇宙旅行的故事
（WA，KEXUE YOU GUSHI! YUZHOUPIAN·YUZHOU LÜXING DE GUSHI）

作　　者：［韩］郑昌勋 / 文　　［韩］李海晶 / 绘
译　　者：千太阳

策划编辑：鲁艳芳　杨朝霞
责任编辑：杨朝霞　金　琪
出　　版：东方出版社
发　　行：人民东方出版传媒有限公司
地　　址：北京市西城区北三环中路6号
邮　　编：100120
印　　刷：北京彩和坊印刷有限公司
版　　次：2020年7月第1版
印　　次：2020年7月北京第1次印刷　2021年9月北京第4次印刷
开　　本：820毫米×950毫米　1/12
印　　张：4
字　　数：20千字
书　　号：ISBN 978-7-5207-1481-5
定　　价：398.00元（全14册）
发行电话：（010）85924663　85924644　85924641

✏️ 文字　〔韩〕郑昌勋

毕业于首尔大学天文学专业。曾担任过《月刊科学》《月刊牛顿》的记者、《月刊科学少年》和《月刊星星和宇宙》的主编等，在科学杂志工作了20多年。现在主要为孩子们策划内容丰富、有趣的科普图书。主要作品有《科学奥德赛》《月亮挂在哪里呢》《让地球呼吸的风》《俗语中隐藏的科学》《海洋是个大谜团》《伽利略有关两个宇宙体系的对话》等。

🎨 插图　〔韩〕李海晶

毕业于视觉设计专业。现在主要为儿童图书绘制插图。一直努力用图画来表达文字无法表达的部分。插图作品有《谁制作了巧克力》《我真的讨厌读书》《数数老师和排队老师》等。主要著作有《转来转去：小区观察记》等。

哇，科学有故事！（全 33 册）

扫一扫
看视频，学科学